# 5 岁开始的理财

# 钱

## 是什么？
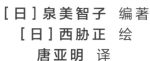

〔日〕泉美智子 编著

〔日〕西胁正 绘

唐亚明 译

中信出版集团｜北京

# 序

　　你一定知道钱是什么吧？你也一定知道钱很重要吧？可我要是说："有钱就高兴呀。"你大概会想："为什么呢？"

　　有钱就能买自己想要的东西和所需的东西。每个月把零花钱存下一半，贵的东西先忍住不买，攒三个月的钱再买。把钱捐给遇到困难的人，也能给你带来快乐和满足。每个人能花的钱是有限的。把每个月的零花钱和存款加在一起，就是你所能支配的金额限度。我们花钱不能超过自己的支付能力。所以，我们应该学会聪明的用钱方法。

比如看到二手的游戏机很便宜，喊着"我想要！"就把它买下来了。到了星期天去游乐园时，也许买门票的钱就不够了。或者想给朋友送生日礼物时，发现用来买礼物的钱不够了。

为了每个月花钱不超过自己的支付能力，我们首先要了解钱，并懂得如何使用钱。请你用这本书先学习"钱是什么"吧。

# 写给父母亲

　　为了孩子们将来在财务管理的方法上不出现失误，不借一屁股债，不挥霍钱财，不上当受骗。我们首先应该看到，当下与金钱有关的危险性正在增加。

　　消费时，购物不用现金，并网购大部分商品，已成为理所当然的事情了。

　　孩子们生活在这样的社会里，应成为聪明的消费者。让自己既能充分享受网购的便利，又能避开网购的危险。

学校没有"钱"方面的课程。我劝家长与孩子面对面地谈一谈钱。总结和反省如何使用零花钱，是"消费教育"的第一步。

　　这本书告诉孩子们钱的价值和危险之处，让孩子们懂得，"不犯法""不撒谎""好好学习"是多么重要。如果这本书对你和家人有所帮助，那我会非常高兴。

# 目 录

## 钱是什么？

1 金钱是万能的？ 12

2 为什么需要钱？ 14

3 如果世界上没有钱呢？ 16

4 今年秋刀鱼好像很贵。为什么贵呢？ 18

5 同学的那双运动鞋，听说是超贵的名牌。为什么贵呢？ 20

6 完全相同的点心，为什么与隔壁的超市价格不一样？ 22

7 饭店的果汁怎么这么贵？ 24

8 有钱就幸福?！ 26

**9** 如果我考了 100 分，能给我买游戏机吗？ 28

**10** 这么多压岁钱！该怎么花呢？ 30

**11** 过生日时，我说"想要钱"，奶奶看起来很失望……32

**12** 今天我不想学这个学那个，我想找朋友玩……34

**13** 为什么在图书馆借书不要钱？ 36

**14** 在学校里，我的书破了，再去要一本不就得了？ 38

**15** 我花的钱都到哪儿去啦？ 40

**16** 我想买一本 5 块钱的笔记本，也要交税吗，为什么？ 42

# 存钱

**17** 存钱有什么好处？ 44

**18** 怎么存钱呢？ 46

**19** 我没钱买游戏机，怎么办呀？ 48

**20** 我做个零花钱账本吧？ 50

**21** 干吗要把钱存到银行里？ 52

**22** 都说"为了能预防万一，存款很重要啊"！这"万一"是什么？ 54

**23** 我想去国外旅游，可钱不够啊……56

**24** 好不容易存的钱，花掉多可惜呀……58

**25** 我有想买的东西，可钱不够。怎么才能让钱多起来呢？ 60

# 花钱

26 为了让大家都有钱，多印钞票不就得了？ 62

27 我怎么只有这点儿零花钱？ 64

28 我可以自由支配零花钱吧？ 66

29 "会买东西"是什么意思？ 68

30 有信用卡就什么都能买吗？ 70

31 花钱不是好事？ 72

32 我长成大人，需要花多少钱呢？ 74

33 为什么响一声就支付完了呢？ 76

34 家人说我："你怎么乱花钱？" 78

35 我什么都不想要，这不正常吗？ 80

36 收银台旁放着募捐箱，我应该往里放钱吗？ 82

**37** 哥哥的零花钱为什么比我多？ 84

**38** 我想用零花钱买智能手机！ 86

## 了解花钱规则和钱的危险

**39** 我想把钱用在网络游戏上！ 88

**40** 谁都可以向银行借钱吗？ 90

**41** 我能用彩色复印机复制钞票吗？ 92

**42** 为什么说"花钱有风险"呢？ 94

**43** 为什么说"同学间不应该借钱"呢？ 96

**44** 我请同学吃饭，不好吗？ 98

**45** 我也想要信用卡！ 100

# 挣钱

**46** 我怎么能挣到钱呢？ 102

**47** 我想高高兴兴地挣钱！ 104

**48** 公司总经理一定很有钱吧？ 106

**49** 爷爷没工作，可为什么给我压岁钱？ 108

**50** 有钱就了不起吗？ 110

存钱与花钱的练习本 112

结语 124

# 金钱
# 是万能的？

只要有钱，什么都能得到！

但是，也有用钱买不到的东西。

比如说，用钱可以买到打棒球的球棒，

却不能使你成为专业棒球运动员。

# 为什么
# 需要钱？

钱有以下方便之处：

①能与想要的东西交换。

②可存入银行等机构。

③通过价钱知道价值。

3

# 如果世界上没有钱呢？

从前，在没有钱的时代，

人们以物换物。

可是，如果东西不是双方都想要的，

就不能交换。

因为以物换物不方便，才诞生了钱。

如果世界上没有钱，

不等于回到远古时代了吗？

钱是很方便的东西呀。

# 4

## 今年秋刀鱼好像很贵。为什么贵呢？

钱是什么？

秋刀鱼!

秋刀鱼!

秋刀鱼!

在海里打捞到的秋刀鱼不多，

而想吃秋刀鱼的人却很多，

在这种情况下，秋刀鱼的价格就会上涨。

相反，如果打捞到很多秋刀鱼，

不降价就不能全都卖出去。

同学的
那双运动鞋，
听说是
超贵的名牌。
为什么贵呢？

举例来说，名牌商品

会使用很难买到的高级原料，

或是这种鞋经过反复研究测试，

穿着舒服，好走好跑，

而且不是大量生产，

那价格就会高。

商品贵，一定有什么理由的。

# 6

完全相同的点心，
为什么
与隔壁的超市
价格不一样？

点心的价格由各家商店决定。

如果价格太便宜，

即使卖得多，盈利还是少。

如果价格太贵，肯定卖不出去。

卖点心也得动脑筋呀。

# 饭店的果汁
# 怎么这么贵？

饭店里的沙发松软舒适，

服务员和蔼可亲。

果汁的价格包括这些周到的服务。

# 有钱
# 就幸福？！

有钱能买各种各样的东西，

也能去旅行，多好啊！

可是，大人如果只顾着赚钱，

和家人在一起的时间就会减少，

也没时间干自己喜欢的事情，

甚至损害了自己的健康。

这样看来，也许不能说有钱就幸福。

# 9

# 如果我考了100分，能给我买游戏机吗？

一想到"只要努力，
就能得到自己想要的东西"，
你就浑身是劲儿吧？
大人给你买游戏机作为奖励，
当然是开心的事，
但是你自己愿意为了得 100 分而付出努力，
才真正令人高兴。

# 这么多
# 压岁钱！
# 该怎么花呢？

拿到好多压岁钱，
可以买原来想要而买不起的东西。
大人领到工资后，
也会去买平常不买的东西，
或是为了以后买东西，把钱存起来。
计划着怎么花钱是很开心的事。

钱是什么？

过生日时，
我说"想要钱"，
奶奶看起来
很失望……

"你有没有想要的东西？"
也许奶奶正兴致勃勃地考虑：
"挑件什么礼物能让这孩子高兴呢？"
所以，你这句话扫了奶奶的兴，
她想送你礼物的心意被忽略了呀。

# 12

钱是什么？

今天
我不想
学这个学那个，
我想
找朋友玩……

你想玩的心情可以理解。

但是家人花了钱才让你有机会去学习

各种本领，

如果你不去，那钱不就浪费啦？

而且失去学习的机会，多可惜啊！

如果你不想学，

应该和家人好好谈谈。

# 为什么
# 在图书馆借书
# 不要钱？

钱是什么？

大多数图书馆都是免费开放的，

读者可以自由借阅。

因为图书馆是靠"税"运营的。

而税是国家向单位、个人征收的钱，

是靠许许多多的人劳动而来的。

学校、消防队、派出所等社会所需的

机构或组织，

也是靠税来运营的。

# 14

在学校里，
我的书破了，
再去要一本
不就得了？

学校的书，是为了让你们努力学习，
是许多人辛勤劳动交税买来的，
并不是免费的，
你一定要珍惜啊。

# 我花的钱都到哪儿去啦？

你支付给商店的钱，

用于采购商品和各种原材料，

交房租，支付商店工作人员的工资，

向国家纳税，

会被用在很多地方。

钱就是这样周转，支撑着整个社会。

可以说，钱是游客呀。

# 我想买一本 5块钱的笔记本， 也要交税吗， 为什么？

我们在买东西的时候已经在交税了，
因为税包含在商品价格中，
这个税是"消费税"。
这笔钱可以用于修建幼儿园，
为老年人服务等。
你交的税，
在社会上发挥着作用呢。

# 17

# 存钱
# 有什么好处？

存钱

比如你一个月的零花钱是 50 块钱，
两个月加起来可以买 100 块钱的东西。
把钱存起来，
就可以买贵一点儿的东西。

4 个月

3 个月

2 个月

1 个月

# 18

## 怎么
## 存钱呢？

存
钱

只要想想足够的钱能买到自己想要的
东西，能干自己想干的事，
存钱就是开心事。
不要把零花钱花光，
在存钱罐里存一些，
几个月就能存成一笔钱。
你可以根据自己想买什么，
决定存多少钱。

# 19

存钱

# 我没钱买
游戏机，
怎么办呀？

我把零花钱都用光了，
买不了想要的东西，
真难过。
下次花钱时要好好计划，
别让自己后悔，
得存点儿钱。

# 20

# 我做个
# 零花钱账本吧?

存
钱

做个零花钱账本,

记下自己什么时候买了什么,

一目了然。

这样可以避免乱花钱,

使自己更会买东西。

# 21 干吗要把钱存到银行里？

存钱

家里要是进了小偷，
钱被偷走，
那可就麻烦了。
存进银行就不用担心这些，
还有，把钱存进银行会产生"利息"，
钱会增加。

交给我吧。

# 22

存钱

都说"为了能
预防万一，
存款很重要啊"！
这"万一"
是什么？

突然得病，要买房子，

要去旅行……

生活中有很多急需钱或需要大笔钱的时候。

为了防止这种"万一"出现时没钱用，

平时存一些钱很有必要。

# 23

存钱

我想去
国外旅游，
可钱不够啊……

去旅行，那太棒了！

可是要花很多钱呢！

即使一下存不了那么多，

有了目标，存钱的过程也高兴。

比如为了去旅行，

全家一起在一个存钱罐里存钱，

那一定很有意思呀。

# 24

## 好不容易存的钱，
## 花掉
## 多可惜呀……

存
钱

珍惜钱是好事。
用存的钱，
买特别想要的东西，
或干特别想干的事，
那钱就发挥了作用。
在真正需要的时候使用存款，
不是浪费。

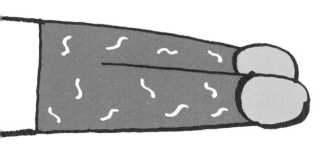

# 25

存钱

我有想买的东西，
可钱不够。
怎么才能
让钱多起来呢？

长大以后，多工作就可以多挣钱。

可是小孩还不能去挣钱。

你为什么想要那个东西呢？

那东西必不可少吗？

你最好向家人解释一下。

如果你的理由充分，

也许大人会多给你点儿零花钱。

我可以用它帮
奶奶送东西呀。

# 26

# 为了
# 让大家都有钱，
# 多印钞票
# 不就得了？

花钱

如果大量印钞票，
钱就会贬值。
因为钞票虽然多了，但所有钞票所代表
的价值并没有跟着变多。
比如 10 元的价值变成了 1 元，
以前用 10 元能买到的东西，
现在得要 100 元才能买到。
那多印钞票就没有意义了。

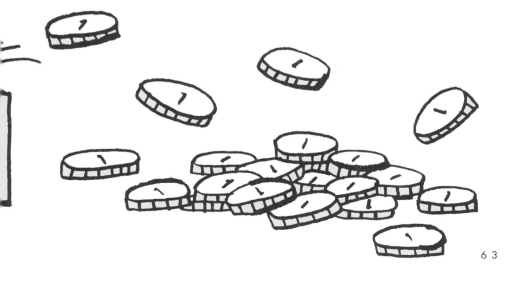

# 27

我怎么只有
这点儿
零花钱？

花钱

每个家庭对零花钱的想法和
规定都不一样。
你可以问问自己家里的大人，
对零花钱是怎么考虑的。

**28**

# 我可以
# 自由支配
# 零花钱吧？

花钱

你当然可以自由支配了。
但是你要在过程中学习如何花钱，
别害怕失败。
你认为怎么花钱
才能让自己觉得开心呢？

电影

书

零食

游戏

**29**

花
钱

# "会买东西"
# 是什么意思？

钱不光是用来买想要的东西，
还得用来为将来的"万一"做准备。
为了家人的幸福，
为了生活方便，
都得存钱。
钱有各种各样的用途。
花钱时要好好想想，
钱花出去，自己觉得合适、值得，
就是会花钱。

# 30

# 有信用卡
# 就什么都能买吗？

花钱

信用卡就像变魔术吧？

一刷就能买东西。

但是，信用卡并不是想怎么花就怎么花，

花出去的钱需要定期偿还。

要是花出去的钱太多，

到时候还不起就麻烦了。

所以一定要有计划地使用信用卡。

# 31

花钱

# 花钱
# 不是好事？

自己真正需要的东西却不去买，

这不是好事。

如果大家都不花钱，

商品就卖不出去，

商店只好关门，

生产商品的厂家也一样，

店员、工人就会失业。

人在满足必要需求时应该为此花钱。

# 32

## 我长成大人，需要花多少钱呢？

花钱

上学、吃饭、去医院、旅行、买衣服……

人一辈子有许多地方需要用钱。

你的家人根据你的需要，

一定在有计划地使用钱。

需要多少钱，

每个人的情况和金额都不一样。

# 33

花钱

# 为什么
# 响一声
# 就支付完了呢？

收款机连着电脑，
购物时支付成功了就会发出声音。
智能手机或银行卡里的钱，
就是这样支付出去的。
这不意味着纸币没用了，
这只是新的支付方式。

# 家人说我：
# "你怎么乱花钱？"

花
钱

你买可有可无的东西，
或是重复买同样的东西，
这两种情况可以说是在浪费钱。
因为这些原因把手上的钱花了，
就可能买不了你真正需要的东西了。
你的家人是希望你珍惜钱呀。

# 我什么
# 都不想要，
# 这不正常吗？

花
钱

我觉得不会呀。

那么，

你有没有"想要的东西"，

有没有"想干的事"呢？

其实做自己想干的事，往往也需要钱。

花钱

# 收银台旁放着募捐箱，我应该往里放钱吗？

把钱放进募捐箱，
是为了帮助有困难的人，
这就是"捐款"。
往里放多少钱都行。
你想帮助谁，帮助他们做什么事呢？

# 哥哥的零花钱
# 为什么
# 比我多？

哥哥是高年级学生，

可以自己乘坐公共交通工具，

生活、学习上需要的东西也多起来，

他自己决定怎么花钱的机会也多了。

所以家人给他的零花钱就会多一点儿。

# 38

## 我想用
## 零花钱
## 买智能手机！

花
钱

小孩还不能自己买手机。

你的手机是家里的大人买来的。

有些东西小孩不能随便买。

因为手机卡只有大人才能办。

并且买了手机之后，

每个月还得付电话费呢。

# 39

## 我想把钱用在网络游戏上！

你在网上玩游戏的费用，
是你家人在支付。
你应该用自己的零花钱还给家人。
事先规定好花钱的费用很重要。
如果你把零花钱花光了，
就不能买你现在所需的东西和以后
想要的东西，那就不好办了。
玩需要付费的网络游戏前，
要认真考虑一下。

# 40

了解花钱规则和钱的危险

## 谁都可以
## 向银行借钱吗？

说"想借钱"的人很多，

但银行不是什么人都借。

银行只把钱借给有能力偿还的人。

顺便说一下，向银行还钱时，

还的钱要比借的钱多才行。

多出的钱就是"利息"。

这就像是对银行说："谢谢你把钱借给我。"

# 41

# 我能用
# 彩色复印机
# 复制钞票吗？

个人复制钞票是犯罪行为，

这绝对不能干！

钞票上的图案做工讲究、非常精细，

钞票还带有防伪功能，

如果是复制品，马上会被发现。

# 42

## 为什么说"花钱有风险"呢？

比如说，玩网络游戏用钱过多，
或是赌博，钱一下就输光了，
那是很危险的。
如果用钱不当，
不仅不能实现你的梦想，
还会影响你的前途，
使你丧失信誉。

# 43

为什么说
"同学间
不应该借钱"
呢？

比方说，和同学一起去买糖果，

结账时你一起付了钱。

这笔钱本以为同学事后会主动给自己，

可同学早忘了。

这种情况下，你又不好意思让同学还，

结果你们的关系变得别扭起来。

同学之间有金钱来往，

容易产生误会，

最好不要有借钱还钱的事情。

# 44

了解花钱规则和钱的危险

## 我请同学吃饭，不好吗？

最好不要用零花钱请同学吃饭，

或是让同学请自己吃饭。

你请了一次，也许以后同学还会让你请，

次数多了你会觉得不舒服，

慢慢地，你们的朋友关系可能就因此

变味儿了。

还有，不要随身多带现金。

# 45

了解花钱规则和钱的危险

我也想要
信用卡！

信用卡可以代替现金使用。

但是，只有大人才能拥有并使用信用卡。

因为信用卡花出去的钱都需要还。

小孩绝对不能随便使用大人的信用卡。

# 46

## 我怎么能
## 挣到钱呢？

挣
钱

钱是通过"劳动""借""领补助"等
方法得到的。

可是光靠"借"和"领补助"，是难以
生活的。

通过劳动挣钱，会对别人有所帮助，
自己也会感到幸福。

# 47

# 我想
# 高高兴兴地
# 挣钱！

你的想法不错！

你有没有特别喜欢干的事情？

你有什么特长？

如果你梦想将来从事某种自己

喜爱的工作，

就一定要在平时去努力争取。

如果实现了愿望，能从事那项

工作并挣到钱，

那一定会让你非常开心。

# 48

## 公司总经理
## 一定很有钱吧？

挣钱

你是不是以为公司总经理都住着
高级房子，开着豪华车？
那也不一定。
有的公司赚钱，有的公司不赚钱，
并不是所有公司都能赚到很多钱。
总经理也不一定都有钱。

# 49

## 爷爷没工作，可为什么给我压岁钱？

挣钱

爷爷从年轻时起就一直辛勤工作，
也许他有一些积蓄。
另外，因为工作时他给国家纳税，
所以退休后，国家会给爷爷发钱，
也就是"养老金"。

# 50

挣钱

# 有钱
# 就了不起吗？

用劳动帮助许多人，让许多人幸福，

而且自己也挣到很多钱，

这是了不起的事情啊！

但是，靠骗人，让人悲伤来挣钱，

这样挣来的钱，即使再多，

也没有一点儿了不起的。

有钱不一定就了不起。

# 存钱与花钱的练习本

如果你觉得自己总也存不下钱，

想要的东西总是买不起，

那就试着用这个练习本养成好习惯，

学会存钱和花钱的方法吧。


如果你学会了花钱，

不仅家里人会夸你，

你也能借此学着遇事独立思考，

自己做决定。

# 思考

有想买的东西，
可零花钱不够。
怎样才能买到呢？
用金钱地图思考一下吧！

# 计划

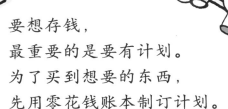

要想存钱，
最重要的是要有计划。
为了买到想要的东西，
先用零花钱账本制订计划。

**方法样本**

怎样才能买到呢? 用金钱地图思考一下吧!

怎么买?
用存的压岁钱买

**4** 写下用什么方法买想要的东西

请你想一想, 如果自己"想买这个", 该怎么办呢? 像图中的例子那样, 以1—4的步骤, 做一张金钱地图吧。

**终点**

选择这个方法的理由
不用求妈妈就能买

**3** 这种方法的好处和坏处

好处
不用求妈妈就能买

坏处
存钱罐里的钱少了

好处
家里人高高兴兴给我买

坏处
不能上市就买, 得等

好处
可以买其他想要的东西

坏处
不能玩游戏了

**2** 怎么买到想要的东西, 想3个方法吧

方法①
用存的压岁钱买

方法②
过生日时让父母买

方法③
算了, 不买了

**1** 写上想要的东西和价钱

想要的东西

游戏机

多少钱?

300 元

**出发**

怎么买?

选择这个方法的理由

终点

| 好处 | 好处 | 好处 |
| --- | --- | --- |
| 坏处 | 坏处 | 坏处 |

❷

| 方法① | 方法② | 方法③ |
| --- | --- | --- |

想要的东西

多少钱?

出发

怎么买?

选择这个方法的理由

终点

| 好处 | 好处 | 好处 |
| 坏处 | 坏处 | 坏处 |

方法① | 方法② | 方法③

想要的东西

多少钱?

出发

116

怎么买?

选择这个方法的理由

终点

| 好处 | 好处 | 好处 |
| --- | --- | --- |
| 坏处 | 坏处 | 坏处 |

方法① 方法② 方法③

想要的东西

多少钱?

出发

# 做一个 零花钱 账本 吧

为了有计划地用钱，
你应该知道自己在什么时候，
买了什么，花了多少钱。
为此，最好做一个零花钱账本。
等你学会记账了，
再试着写一份下个月的用钱计划吧。

## 写给孩子的父母

零花钱不一定每个月都给一次，也没必要让孩子花光。要让孩子意识到，学会每个月不花光，把零花钱存起来，这样在自己想买的东西要比每月的零花钱贵时，就能起作用。各家可按照自家的规矩给孩子零花钱。而如何用好钱，有时则需要家长帮孩子出主意。这时，最好一边看着零花钱账本，一边和孩子谈。家长清楚孩子用多少钱买了什么，就可以帮孩子订计划。为了帮他们买到自己想要的东西，也可劝孩子再多存一点儿。

请写下你今年的目标、今后的理想，
还有你的愿望吧！

我的愿望，我想要的东西

| | 月 | ① 现在有 | 元 | 从30元开始吧。 |

## 零花钱记录

| 日期 | 怎么来的？ | 收入 | 支出 |
|---|---|---|---|
| | | | |
| | | | |
| | | | |
| | | | |
| | | 收入合计 ② | 支出合计 ③ |

① + ② − ③ = 本月余款　　　　　元！

## 用钱计划

| 干什么用？ | 时间 | 金额 |
|---|---|---|
| | | |

| 我的感想 | 家人的感想 |
|---|---|
| | |

| 月 | ① 现在有 | | 元 |

## 零花钱记录

| 日期 | 怎么来的? | 收入 | 支出 |
|---|---|---|---|
| | | | |
| | | | |
| | | | |
| | | | |
| | | 收入合计 ② | 支出合计 ③ |

  ① + ② − ③ = 本月余款  **元!**

## 用钱计划

| 干什么用? | 时间 | 金额 |
|---|---|---|
| | | |

| 我的感想 | 家人的感想 |
|---|---|
| | |

# ☐ 月 ① 现在有 [ ] 元

## 零花钱记录

| 日期 | 怎么来的? | 收入 | 支出 |
|------|-----------|------|------|
|      |           |      |      |
|      |           |      |      |
|      |           |      |      |
|      |           |      |      |
|      |           | 收入合计 ② | 支出合计 ③ |

① + ② − ③ = 本月余款 [ ] **元!**

## 用钱计划

| 干什么用? | 时间 | 金额 |
|-----------|------|------|
|           |      |      |

| 我的感想 | 家人的感想 |
|----------|-----------|
|          |           |

现在有

月 ____ 元

# 零花钱记录

| 日期 | 怎么来的? | 收入 | 支出 |
|------|-----------|------|------|
|      |           |      |      |
|      |           |      |      |
|      |           |      |      |
|      |           |      |      |
|      |           | 收入合计 ❷ | 支出合计 ❸ |

 ❶ ＋ ❷ － ❸ ＝ 本月余款 　　　元！

# 用钱计划

| 干什么用? | 时间 | 金额 |
|-----------|------|------|
|           |      |      |

| 我的感想 | 家人的感想 |
|----------|-----------|
|          |           |

# 结语

应该说，我们现在的生活很奢侈。

有的行为不仅奢侈，而且毫不过分地说，像是在扔钱。

其中之一是"浪费食物"。

生产食物要花钱。

但你是否经常发现，有的人把碰都没碰的食物倒进了垃圾桶。

把食物吃进去，才能变成身体的营养。

如果扔掉，它能起什么作用呢？

把食物当作垃圾烧掉，也需要燃料。

扔掉食物也要花钱。

浪费食物就是浪费金钱。

谁都不想把钱扔了吧。

让我们争取做一个会管钱、会花钱的"钱的专家"吧！

最后，我想读一首诗人谷川俊太郎送给我的诗。

# 钱的专家

人民币、日元、美元、法郎、英镑，
什么好看的，好吃的，好玩的，什么方便的东西，
用钱都能买到。
但是，钱有时会干坏事，
有时会伤人，有时会欺负地球。

人民币、日元、美元、法郎、英镑，
你从哪儿来？你到哪儿去？
别让钱迷路，
要好好注意钱的去向，
考虑钱的力量，
在生活中争取当一个钱的专家。

谷川俊太郎

**图书在版编目（CIP）数据**

钱是什么？：5岁开始的理财/（日）泉美智子编著；
（日）西胁正绘；唐亚明译 . -- 北京：中信出版社，
2023.2（2023.5重印）
　ISBN 978-7-5217-5025-6

Ⅰ . ①钱… Ⅱ . ①泉… ②西… ③唐… Ⅲ . ①财务管
理 – 儿童读物 Ⅳ . ① TS976.15-49

中国版本图书馆 CIP 数据核字（2022）第 226026 号

E DE MITE MANABERU ! OKANE TTE NAN DAROU ?
Copyright © 2021 Michiko Izumi
Illustration Copyright © 2021 Tadashi Nishiwaki
Chinese translation rights in simplified characters arranged with Impress Corporation
through Japan UNI Agency, Inc., Tokyo

本书仅限中国大陆地区发行销售

**小活字图话书**
Baby Type
以 孩 子 的 眼 睛 看 到 世 界

**钱是什么？：5岁开始的理财**

编　　著：[日]泉美智子
绘　　者：[日]西胁正
译　　者：唐亚明
出版发行：中信出版集团股份有限公司
　　　　　（北京市朝阳区东三环北路 27 号嘉铭中心　邮编　100020）
承 印 者：宝蕾元仁浩（天津）印刷有限公司

开　　本：880mm×1230mm　1/32　　印　张：4　　字　数：60千字
版　　次：2023年2月第1版　　　　　　印　次：2023年5月第2次印刷
京权图字：01-2023-0073
书　　号：ISBN 978-7-5217-5025-6
定　　价：39.80元